AF327593

BOUSSOLE

UNIVERSELLE

DU COMMERCE,

DES

SCIENCES ET ARTS ACCESSOIRES;

Par M. Louis CLÉRC, fils.

N.º I.ᵉʳ — I.ʳᵉ LIVRAISON. — MARS 1823.

A PARIS,

Chez { DELAUNAY, Libraire, au Palais-Royal, N.º 243 ;
ROSA, Libraire, Grande-cour du Palais-Royal, N.º 24 ;
MIGNERET, Imprimeur-Libraire, rue du Dragon, N.º 20, F. S. G.

1823.

BOUSSOLE UNIVERSELLE

DU COMMERCE,

DES

SCIENCES ET ARTS ACCESSOIRES.

N.º I.ᵉʳ — I.ʳᵉ LIVRAISON. — MARS 1823.

NOTICE

SUR LES DIFFÉRENTES SORTES DE CAFÉ RÉPANDU DANS LE COMMERCE, etc.

DESCRIPTION *succincte du Caféyer.* — Le Caféyer (*coffea arabica.* Linn.) est un arbrisseau qui fait partie de la famille naturelle des rubiacées, et de la pentandrie monogynie de Linnée.

Cet arbrisseau peut s'élever, dans un climat chaud et en pleine terre, jusqu'à quarante-cinq pieds; son tronc est droit, divisé au sommet en rameaux nombreux et opposés; les feuilles également opposées sont grandes, lancéolées, très-entières, lisses en dessus, d'un vert pâle en dessous, supportées par des pétioles courts et persistans; les fleurs naissent à l'aisselle des feuilles, au nombre de cinq ou six; elles sont monopétales à quatre ou cinq divisions, blanches, d'une odeur suave, et ressemblant beaucoup à celles du jasmin : le fruit est une

baie ovoïde , recouverte d'un arille charnue , savou-
reuse , renfermant deux graines ou semences ovales , apla-
ties et sillonnées d'un côté convexes, de l'autre , d'une
consistance dure , corné ; d'une couleur grise , d'une
odeur et d'une saveur aromatique. Ce sont ces graines qui
versées dans le commerce , portent le nom de café.

Origine du cafeyer. — Il paraît que le cafeyer est
originaire de la Haute-Éthiopie où il était cultivé de temps
immémorial; ce n'est guères que vers la fin du quinzième
siècle que sa culture a été introduite en Arabie. C'est dans
la province d'Yemen sur le bord de la Mer Rouge , et particulièrement dans les environs de la ville de Moka , que
cet arbrisseau s'est naturalisé avec plus de facilité , et
encore aujourd'hui le meilleur café nous est apporté de
ces contrées.

Epoque de l'introduction du café en France. — L'u-
sage du café était répandu depuis bien long-temps en Orient
avant que les Européens connussent la liqueur qu'il sert à
préparer. Son introduction en Europe , sur-tout en France , ne remonte guère au-delà de l'année 1669 , époque où
Soliman-Aga , qui résida pendant un an à Paris , ayant
fait goûter du café à plusieurs personnes , leur donna le
goût de cette boisson , dont elles continuèrent l'usage
après son départ. Bientôt ce goût devint général , et on
établit des maisons publiques à l'instar de celles de
Constantinople et de Perse , que l'on nomma Cafés , et
où l'on vendait cette liqueur toute préparée. Le
nombre des établissemens de ce genre alla en crois-
sant à mesure que l'usage du café se répandit dans
toutes les classes de la société. On désira bientôt pos-

séder l'arbre qui produisait des graines si précieuses, afin de chercher à le naturaliser et à le multiplier dans d'autres contrées du globe. Les Hollandais, les premiers, en transportèrent dans leurs colonies à Batavia quelques pieds achetés à Moka, d'où l'on tirait alors tout le café du commerce : de là, ils en rapportèrent à Amsterdam. Ce fut de cette dernière ville, que vers le commencement du 18.me siècle, le Consul général de France en envoya un pied à Louis XIV. Cet arbrisseau, qui fut placé dans les serres du Jardin des Plantes, se couvrit de fruits et se multiplia merveilleusement. Le gouvernement conçut dès lors le projet de naturaliser le cafeyer dans ses possessions des Indes Occidentales ; il en envoya trois pieds à la Martinique, dont deux périrent en route, tandis que le troisième ne fut conservé que par les soins du capitaine Declieux, qui partagea pendant une longue et périlleuse traversée sa ration d'eau avec le cafeyer qui lui avait été confié. Ce seul pied devint l'origine de toutes les plantations de cafeyers qui furent établie à la Martinique, à la Guadeloupe et à Saint-Domingue. La culture du café s'introduisit à peu près vers le même-temps à Cayenne et à l'île de Bourbon.

Distinction du café. — On distingue dans le commerce différentes sortes de café, que l'on désigne en général sous les noms des pays où on le récolte : tels sont le café Moka, le café Martinique, le café Bourbon, et le café de Saint-Domingue. Le café Moka est celui qui possède l'arome le plus agréable et le plus developpé, qui est par conséquent le plus estimé. Chacune de ses variétés a des qualités qui lui sont particulières ; ainsi le café Bourbon dont le grain est plus gros et jaunâtre a un arome très-développé : le café Martinique qui est verdâtre, est plus âcre et plus amer ; la torréfaction du premier doit être poussée moins loin que celle du café Martinique.

Café mariné. — On appelle dans le commerce café mariné, celui qui dans le transport a été mouillé d'eau de mer , ce qui lui donne une âcreté que la torréfaction même ne peut lui ôter ; aussi n'en fait-on guère de cas.

Mode de préparation du café. — Pour obtenir l'infusum (1) du café, chargé de tout son arome , il faut apporter des soins particuliers à sa préparation : 1.° on doit le torréfier dans un cylindre de tôle jusqu'à ce qu'il ait pris une couleur dorée ou brun-marron , et qu'il ait perdu environ un sixième de son poids : 2.° le laisser refroidir lentement et l'enfermer ensuite dans des boîtes de tôle : 3 °le réduire en poudre au moulin , et mieux encore dans un mortier : 4.° faire l'infusion aussitôt sa pulvérisation, au moyen de l'appareil à filtrer de Dubeloy : 5.° imprégner la poudre d'eau froide , y verser ensuite la quantité d'eau bouillante nécessaire pour se charger abondamment des principes du café ; on emploie ordinairement une tasse d'eau ou quatre onces par mesure ou par cuillerée de poudre équivalente à une demi-once : 6.° faire chauffer brusquement le café au moment de le prendre , et ne le point laisser bouillir : 7.° le prendre très-chaud.

Falsification du café. —Le café est souvent mêlé à la

----

(1) L'infusum est le produit de l'infusion.

chicorée *(chicorium intybus, L.)*, il est alors amer et acidule, le café pur n'est qu'amer ; en le roulant entre l'index et le pouce, après l'avoir humecté, il forme une boule : le café pur reste en poudre. (Rostan.)

DESCRIPTION

SUCCINCTE DU CACAO ET DE SES DIFFÉRENS MODES DE PRÉPARATIONS.

Définition. — On donne le nom de cacao (*semina cacao*) aux amandes ou graines du caaoyer, *theobroma cacao*, Linn. Cet arbrisseau qui fait partie de la famille des malvacées, de la monadelphie pentandrie, est originaire du continent de l'Amérique méridionale, où il se plaît de préférence dans les terrains gras et humides. Les graines que l'on recueille sur les côtes de Caraque, dans la province de Nicaragua, sont en général les plus onctueuses et les plus estimées.

Le cacaoyer est un arbre de moyenne grandeur qui peut néanmoins atteindre jusqu'à 5o pieds d'élévation lorsqu'il se trouve dans un sol convenable à sa nature ; ses rameaux sont en tout temps ornés de grandes et belles feuilles ovales, acuminées, entières, soutenues sur des pétioles assez courts, ses fleurs d'une couleur rose-vive, forment de petits faisceaux qui naissent, soit dans les aisselles des feuilles, soit sur les différens points du tronc : en général, celles qui se montrent sur les jeunes branches avortent, tandis que celles du tronc sont les seules fertiles. Les fruits qui succèdent aux fleurs sont ovoïdes, alongés, marqués de côtes irrégulièrement bosselées ; leur surface est d'une couleur jaune-dorée ou pourpre ; ils ont quelque ressemblance avec les concombres ; à l'intérieur, ils présentent cinq loges séparées par des cloisons membraneuses, et dans chacune de ces loges on trouve huit à dix graines subréniformes pelotonées, de la grosseur d'une fève, revêtues d'un arille charnu, d'une saveur acidule fort agréable. Ces graines renferment sous un tégument assez mince, un embryon qui forme à lui seul toute la masse de l'amande.

Les graines du cacaoyer encore fraîches sont loin d'avoir la saveur agréable qu'elles présentent lorsqu'elles ont été desséchées ; elles sont au contraire d'une apreté et d'une amertume des plus intenses. C'est afin de les en priver qu'on leur fait subir, dans les lieux où on les récolte, différentes préparations que nous allons faire connaître brièvement.

Modes de préparation. — Tantôt on met les graines de cacao en tas, afin de les faire fermenter et d'en détacher l'arille, puis on les fait sécher en les exposant sur des nattes à la chaleur du soleil ; tantôt on les enfouit pendant plusieurs semaines dans la terre, après quoi on les en retire pour les faire sécher : le cacao préparé de cette dernière manière porte le nom de cacao-terré. Autant ces graines s'altèrent rapidement lorsqu'elles sont encore fraîches et enveloppées de leur arille charnu, autant elles deviennent en quelque sorte inaltérables lorsqu'elles ont été préparées par l'un des procédés que nous venons d'indiquer ; en effet, quoiqu'elles contiennent une quantité très-considérable d'une huile grasse et solide, désignée sous le nom de beurre de cacao, cependant elles possèdent la propriété remarquable de ne rancir jamais ; aussi s'en est-on servi dans l'intérieur du Mexique comme de petite monnaie.

Importation et distinction. — Le cacao répandu dans le commerce nous est apporté du continent de l'Amérique méridionale, particulièrement du Pérou et de la Nouvelle-Espagne, et de quelques-unes des Antilles où il est abondamment cultivé. Aussi en distingue-t-on deux sortes principales, connues sous le nom de Cacao Caraque et de Cacao des îles. Le premier est en général de la grosseur d'une moyenne fève, il est d'une couleur roussâtre, presque toujours il a été terré : le second, c'est-à-dire, celui qu'on expédie de la Martinique, de Saint-Domingue et de Surinam est plus petit, plus arrondi ; son tégument est plus épais et son amande est moins bien nourrie : c'est du mélange de ces deux variétés que résulte, suivant plusieurs auteurs, le cacao le meilleur pour la préparation du chocolat.

Usages. — Les graines de cacao sont employées en médecine, elles servent aussi à la préparation du chocolat et du beurre ou huile de cacao. En parlant des huiles en général, nous traiterons de celui-ci et de ses usages.

DESCRIPTION

DES DIFFÉRENS MODES DE PRÉPARATION, DU CHOCOLAT ET DE SA FALSIFICATION.

Définition. — Le chocolat (*chocolatum*) est un aliment fort usité dans certains pays, mais principalement en Italie et en Espagne, dont la base est formée d'amande de cacao torréfiée et de sucre, mais dont on varie la composition de plusieurs manières que nous allons exposer succinctement.

Distinction des préparations. — Parmi les nombreuses préparations de chocolat, on peut en distinguer trois principales : 1.º le chocolat dans son plus grand état de simplicité, dit chocolat de santé : 2.º le chocolat dans lequel on fait entrer divers aromates, dit chocolat à la vanille : 3.º enfin celui dans lequel on a mélangé des fécules qu'on peut appeller chocolat nutritif.

1.º *Chocolat, dit de santé.* — Après avoir fait choix de cacao convenable, ce qui exige quelques connaissances de la part du Fabricant, on fait torréfier à la manière du café, on les écrase ensuite au moyen d'un rouleau de bois, après les avoir laissé refroidir à moitié, on les dépouille de leur enveloppe au moyen du van et du crible ; après cette première opération, on les pile dans un mortier de fer élevé à une certaine température ; on les réduit en pâte grossière qu'on laisse refroidir sur une plaque de marbre : la bonne qualité de chocolat dépend beaucoup du degré de finesse de la pâte. On a inventé plusieurs procédés pour la rendre aussi fine que possible ; il est des fabricants qui ont fait construire pour cela des machines fort ingénieuses. La manière la plus simple consiste à broyer la dernière pâte dont nous venons de parler avec un cylindre de fer sur une pierre chauffée avec de la braise placée au-dessous. Lorsqu'on juge que la pâte est assez fine, on mélange avec elle une certaine quantité de sucre dans une bassine chaude, on la broye ensuite de nouveau : enfin on la met dans des moules de fer-blanc ; tel est le chocolat dans son état de simplicité.

Proportions des matières. — Les proportions les plus convenables pour la composition de ce chocolat, sont huit livres de cacao-caraque, deux livres de cacao des îles et dix livres de sucre. Ce chocolat, ainsi que ceux dont nous allons parler, se prend au lait ou à l'eau ; dans le premier cas, il est rendu plus nutritif ; mais ce mélange, comme on pense bien, ne lui ôte rien de ses qualités relâchantes.

2.° *Chocolat aromatique, dit chocolat à la vanille.* Cette espèce s'obtient en mélangeant avec vingt livres du chocolat précédent, trois onces de vanille, (*epidendrum vanilla.* Linn.) deux onces de cannelle, (*Laurus cinnamomum.* Linn.) qu'on triture avec le sucre qui doit entrer dans la confection du chocolat. Le gérofle (*caryophyllus aromaticus.* Linn.), le gingembre (*amomum zingiber.* Linn.) le piment, (*capricum,* Linn.), et autres aromates qu'on substitue à la cannelle et à la vanille , doivent être rejetés , ils rendent le chocolat d'une âcreté insupportable.

3.° *Chocolat nutritif.* — On a imaginé d'incorporer avec le chocolat certaines fécules qui le rendent plus nourrissant ; celles de salep, de sagou, de tapioca , n'auraient rien que de très-agréable ; mais comme le prix en est élevé , on leur substitue la fécule de pomme de terre , l'amidon , etc. Ce chocolat est plus nourrisant et plus analeptique que les précédens.

On fait quelquefois entrer dans le chocolat, du riz , des lentilles , des pois , des amandes douces, du beurre , des jaunes d'œufs , des graisses , de la gomme , du maïs , etc. Tous ces ingrédiens rendent le chocolat plus ou moins désagréable au goût , mais aucun d'eux n'est dangereux.

Boisson de chocolat. — Lorsqu'on veut composer avec le chocolat une boisson , soit au lait , (*lac*) soit à l'eau, (*aqua*) on met dans une chocolatière une tasse ou six onces environ de l'un ou l'autre liquide par once de chocolat. Quelques personnes avant de mettre le lait , font dissoudre le chocolat dans un peu d'eau , quand le lait ou l'eau commence à bouillir , on y ajoute du chocolat râpé ou coupé grossièrement , et on remue le mélange avec un moulinet ou moussoir. Quand le chocolat est fondu , et après quelques bouillons , on le retire du feu et on le laisse reposer dans un endroit chaud , pendant environ un quart-d'heure ; une ébullition trop longue nuirait à la bonté de la boisson : ensuite on fait agir le moussoir fortement en le tournant dans les deux mains en sens contraires , et on verse le chocolat dans des tasses lorsqu'il est bien mousseux. Pour cela , il faut qu'en proportion de la quantité de la liqueur , la masse dentelée du moussoir soit de telle hauteur , que sans toucher au fond de la chocolatière dont elle doit être éloignée d'un demi-travers de doigt, elle ne laisse pas d'être entièrement noyée dans la liqueur : car, si la partie supérieure en excédait la hauteur , la mousse ne se ferait qu'imparfaitement.

Falsification du chocolat. — Le bon chocolat , selon M. Rostan , ne doit présenter dans sa cassure rien de graveleux , il doit se dissoudre aisément dans la bouche et produire un sentiment de fraîcheur. Lorsqu'on le fait dissoudre dans l'eau ou le lait, il ne doit communiquer à ces liquides qu'une consistance médiocre. Le chocolat de commerce est souvent falsifié par la fécule , on la découvre en faisant bouillir pendant huit à dix minutes une partie de ce chocolat avec six ou sept parties d'eau distillée; on décolore le liquide à l'aide d'une quantité suffisante de chlore concentré , il se forme un précipité jaunâtre ; on le laisse déposer , et on filtre. Sa liqueur, ainsi clarifiée, est jaunâtre , et contient de la fécule , elle devient d'un très-beau bleu par l'addition d'une ou deux gouttes de teinture alcoholique d'iode , l'amidon se découvre, d'après le même auteur, de la même manière; il est difficile de reconnaître autrement que par la saveur et l'odeur , des substances grasses ou altérées qui pourraient avoir été mêlées au chocolat.

DESCRIPTION

DE L'ALUN ET DES PROCÉDÉS POUR SA PRÉPARATION.

Définition. — On donne le nom d'alun (*alumen*),
à un sel dans lequel on trouve constamment un excès
d'acide sulfurique et d'alumine, et qui contient en outre
de la potasse ou de l'ammoniaque, et quelquefois l'un et
l'autre de ces alcalis, d'où il suit que ce sel acide est
à double ou triple base, Suivant Berzélius, l'alun à base
de potasse est formé de sulfate acide d'alumine 36, 85,
de sulfate de potasse 18, 15, et d'eau 45,oo.

On ne trouve pas beaucoup d'alun tout formé dans
la nature. Il n'en existe guère qu'aux environs des vol-
cans, particulièrement à la Solfatara en Italie, et quelquefois en dissolution dans quelques eaux; mais on en
rencontre une grande quantité de sous-sulfate de potasse
et d'alumine. Ce sous-sel constitue des collines tout
entières à Latolfa, près de Civita-Vecchia et à Piombino;
il est toujours sous forme de pierre ou de roche assez
dure.

Propriétés. — L'alun est solide, cristallisé en octaë-
dres réguliers, incolore, transparent, d'une saveur dou-
ceâtre et astringente, rougissant l'eau de tournesol. Soumis dans un creuset (1), il fond dans son eau de cristalli-

---

(1) Le creuset est un vaisseau de terre ou de métal, plus large en
haut qu'en bas, capable de soutenir le feu le plus violent, etc.

sation ; si on le coule dans cet état il constitue l'alun de
roche , si on continue au contraire à le chauffer , il
perd son eau et sa transparence , et porte le nom d'alun
calciné ; enfin ce dernier serait décomposé, s'il était
soumis à l'action d'une plus forte chaleur. Exposé à l'air ,
l'alun s'effleurit peu-à-peu ; quinze parties d'eau froide
dissolvent une partie d'alun calciné, tandis que le même
liquide bouillant peut en dissoudre un peu plus que son
poids. Cette dissolution est incolore , transparente, douée
de la même saveur que le sel , et se comporte avec les
réactifs comme les autres sels d'alumine , les sels de ba-
ryte y font naître un précipité blanc de sulfate de ba-
ryte insoluble dans l'eau et dans l'acide nitrique.

Des procédés en général. — Ce sel, dont on consom-
me une grande quantité dans les arts , se prépare par
différens procédés , selon la nature des substances capa-
bles de le fournir ; parfois on l'extrait des matières qui
le contiennent tout formé ; souvent on le fabrique au moyen
des pierres qui en contiennent les élémens combinés ; fréquemment on l'obtient en exposant à l'air des mélanges
naturels de pyrite et d'alumine , les lessivant et ajoutant
du sulfate de potasse ou d'ammoniaque à la liqueur , où
se trouve alors beaucoup de sulfate d'alumine ; enfin , on
le fait aussi , en combinant directement les trois élémens
qui le constituent : savoir , l'acide sulfurique , l'alumine
et la potasse.

Des Procédés en particulier. — *Premier procédé.* —
Ce procédé se pratique particulièrement à la Solfatara ,
près Pouzzole, dans le royaume de Naples. Là , le ter-
rain étant volcanique et chauffé par des feux souterrains

qui en élèvent la température jusqu'à 40 degrés, il se forme à la surface des efflorescences presqu'entièrement dues à l'alun ; on les recueille, on les lessive, et on fait évaporer, au moyen de chaudières de plomb enfoncées dans le sol ; l'on en retire, par cette évaporation lente, de l'alun qu'on verse dans le commerce.

Deuxième procédé. — Ce procédé se pratique à la Tolfa, près de Civita-Vecchia, à Piombino, et même à la Solfatara. Après avoir extrait la mine qui est pierreuse et en masse compacte, on la calcine dans des fours ; ensuite on l'expose à l'air pendant trente à quarante jours, en l'arrosant de temps en temps pour la diviser et la réduire en une sorte de bouillie ; puis on la lessive, on fait évaporer la liqueur, et on obtient ainsi de l'alun d'une grande pureté, même des dernières eaux mères.

Troisième procédé. — Ce procédé peut s'exécuter partout où se trouve du sulfure de fer mêlé à l'argile ou aux schistes.

Lorsque le sulfure de fer, au lieu d'être mêlé avec de l'argile est mêlé avec des schistes très-compactes, comme à Liège, il n'est point possible de le faire effleurir en l'exposant à l'air, ou du moins son efflorescence n'est que superficielle, même au bout d'un très-long espace de temps ; il faut donc nécessairement employer le grillage, mais alors on n'obtient que du sulfate d'alumine, et pas d'alun. A Liège, où l'on fabrique beaucoup d'alun avec le sulfure de fer schisteux, on procède ainsi : on laisse d'abord la mine en contact avec l'air pendant environ un mois ; ensuite on la met lit sur lit avec du bois, et on y met le feu ; la combustion est lente et dure long-temps ;

il se fait beaucoup d'acide sulfureux qui se dégage du sulfate d'alumine, une certaine quantité d'alun, en raison
de la potasse contenue dans le bois, du sulfate de magnésie, et très-peu de sulfate de fer. On lessive la matière,
on fait évaporer la liqueur, et on obtient une première
crystallisation d'alun; on décante les eaux-mères, qui contiennent beaucoup de sulfate de potasse ou d'ammoniaque,
pour obtenir une nouvelle quantité d'alun.

4.me *Procédé.* — On prend des argiles les moins chargés possible de carbonate de chaux et de fer, on les
calcine afin de faire passer l'oxyde de fer au summum
d'oxydation, et surtout de pouvoir les pulvériser; on
les réduit en poudre, on les met dans une chaudière de
plomb, peu profonde, avec de l'acide sulfurique étendu
d'eau, et l'on chauffe le mélange, en le remuant de
temps en temps. Lorsque le sulfate d'alumine est formé
on le lessive, et on le traite par le sulfate de potasse
ou d'ammoniaque dans une chaudière bouillante; par
le refroidissement, l'alun crystallise.

Procédé de M. Curaudau, pour fabriquer l'alun. —
M. Curaudau a publié un procédé sûr et d'une exécution facile pour fabriquer l'alun. Il consiste à délayer
100 parties d'argile dans une dissolution de 6 parties de
sel-marin (muriate de soude), à former une pâte qu'on
réduit en pains, pour les calciner dans un fourneau à
reverbère (1). On broie le residu calciné, et l'on verse
dessus un quart de son poids d'acide sulfurique concentré en agitant le mélange avec soin; dès que les vapeurs

---

(1) Ce fourneau ne se distingue des autres fourneaux en général, que
par la forme en dôme dont il est terminé.

d'acide muriatique sont dissipées, on ajoute autant d'eau qu'on a employé d'acide, et on continue à brasser le mélange : il se produit une forte chaleur, la composition se gonfle, on continue à verser l'eau, et on finit par y ajouter une dissolution de potasse, où l'alcali fait le quart du poids de l'acide employé. Il suffit du refroidissement de la liqueur pour produire en cristaux d'alun, trois fois le poids de l'acide employé.

Procédé de M. Chaptal. — Il consiste à mêler ensemble 100 parties d'argile, 50 de nitrate de potasse (nitre), et 50 d'acide sulfurique à 40 degrés ; on met le mélange dans une cornue, on adapte un récipient, et on procéde à la distillation. L'acide nitrique est chassé par l'acide sulfurique ; et lorsque la distillation est terminée, le résidu n'a besoin que d'être lessivé pour donner de l'alun de première qualité.

Avantage qu'offre ce procédé de plus que les autres. — Ce procédé offre d'autant plus d'intérêt qu'il fournit le moyen de mener de front deux opérations importantes : la fabrication de l'alun et la distillation de l'eau-forte (acide nitrique).

Il est inutile d'observer que les proportions doivent varier selon la nature de la terre qu'on emploie, et qu'ici il est de premier intérêt du fabricant, d'employer une argile très-alumineuse pour en diminuer le poids, et on obtient plus de produit de la même distillation, en augmentant alors les proportions du salpêtre (nitrate de potasse) et de l'acide.

Distinction. — On distingue dans le commerce plusieurs variétés d'alun, en raison des pays où il a été extrait. Tels sont : 1.° l'alun de roche, du nom de la ville de Roche en Syrie, suivant Leibnitz; il est en masses transparentes et à cassure vitreuse ; 2.° l'alun de Rome, on le prépare à Civita-Vecchia avec les mines de La Tolfa ; il est en petits morceaux cubiques et couverts d'une efflorescence farineuse rose; 3°. l'alun du Levant, qui est en fragmens irréguliers, également couverts d'une efflorescence farineuse, rougeâtre ; 4.° l'alun d'Angleterre, il est en gros morceaux blanchâtres, dont l'aspect est gras.

Propriétés et usages de l'alun. — Quoique nous ayons un grand nombre de substances susceptibles de former des mordans (1), il n'en est aucune qui jouisse de cette propriété à un plus haut degré que l'alun. Cette substance, qui est la seule employée en teinture pour les couleurs délicates, doit sa célébrité, non - seulement à la propriété qu'elle a de se combiner avec la partie colorante, mais encore à celle de se pouvoir combiner avec l'étoffe, et à constituer par là la fixité des couleurs et leur solidité ; mais une des plus importantes et qui doit lui donner la préférence sur toutes les autres, c'est celle de n'être point colorée, et par cela, de ne pouvoir pas nuire à la couleur que l'on veut fixer. Outre ses usages en teinture, l'alun est beaucoup employé en médecine comme astringent. On l'administre à l'intérieur dans des hémorrhagies abondantes, continues ou passives, surtout dans celles de l'utérus, dans les diarrhées chroniques, les écoulemens atoniques, muqueux et séreux : à l'extérieur, il est souvent employé avec succès, il fait partie de quel-

---

(1) On donne le nom de mordans à des substances salines qui fixent les matières colorantes dans la teinture.

ques gargarismes toniques et astringens, propres à raffermir les gencives, et à faire cesser les angines cathar-rales et atoniques.

DESCRIPTION

DE LA CANNELLE ET DE SON MODE DE PRÉPARATION.

Définition. — La cannelle (*cortex cinnamomi*) est l'écorce dépouillée de son épiderme, d'un arbre de la famille des Laurinées, de l'énéandrie monogynie, désigné par Linnée sous le nom de *laurus cinnamomum*.

Origine du Cannellier. — Le cannellier est originaire des contrées orientales de l'Asie; on le trouve à la Chine, à la Cochinchine, à Sumatra; mais c'est particulièrement dans l'île de Ceylan que cet intéressant végétal est plus abondamment et plus soigneusement cultivé : ensorte que la meilleure espèce de cannelle est celle qui nous est apportée de cette île. On est parvenu à naturaliser le cannellier dans différentes parties du globe, entre autres, à l'Ile de France, aux Antilles, et particulièrement à Cayenne, où il a parfaitement réussi.

Le laurier-cannellier est un arbre de moyenne grandeur, orné en tout temps de belles feuilles luisantes, d'un vert clair; elles sont ovales, aiguës, sans dentelures et portées sur des pétioles assez courts. Les fleurs qui sont jaunâtres et dioïques, forment des espèces de corymbes axillaires à la partie supérieure des ramifications de la tige. Le fruit qui succède à ses fleurs est un drupe charnu, ayant à-peu-près la forme et la grosseur d'un gland de nos chênes d'Europe ; elle est d'une couleur violette assez foncée.

Mode de préparation. — Lorsque l'on veut recueillir la cannelle, on coupe les jeunes branches, surtout celles de trois à quatre ans, on les racle légèrement pour enlever l'épiderme ; puis, après avoir fait une incision longitudinale, on détache l'écorce qui est peu adhérente au bois ; cette écorce ainsi détachée, est ensuite coupée par morceaux d'environ un pied de longueur : on place les plus petits de ces morceaux dans les plus gros, après quoi on les fait sécher en les exposant aux rayons du soleil. Par la dessiccation, la cannelle se roule, devient dure et cassante : c'est dans cet état qu'elle est transportée en Europe.

Distinction. — On distingue dans le commerce trois espèces principales de cannelle, désignées sous les noms des pays d'où on les tire : ce sont la cannelle de Ceylan, la cannelle de Cayenne et la cannelle de la Chine. 1.° La cannelle de Ceylan est l'espèce la plus fine et la plus estimée, celle dont la saveur est le plus agréable ; elle est extremêment mince et légère, sa couleur est fauve-clair, son odeur est suave, sa saveur est aromatique, agréable, piquante et légérèment sucrée. Par la distillation elle donne moins d'huile volatile que les suivantes, parce qu'elle a été recueillie sur des branches plus jeunes. Il est une variété de la cannelle de Ceylan beaucoup plus commune et moins employée ; c'est celle que l'on désigne dans le commerce sous le nom de cannelle mate ; elle est en morceaux plats, larges d'un pouce, épais de deux lignes, d'une couleur jaune-rougeâtre ;

sa cassure est fibreuse, son odeur est assez agréable,
mais faible. Elle se recueille sur les grosses branches et
le tronc du cannellier de Ceylan. 2.º La cannelle de
Cayenne est après celle de Ceylan l'espèce la plus recher-
chée ; elle ne s'en distingue que par une couleur plus
pâle , et parce que en général elle est plus épaisse que
celle de Ceylan : elle n'est pas abondamment répandue
dans le commerce. 3.º La cannelle de la Chine est en
morceaux courts , épais , d'une couleur rougeâtre ;
leur odeur est plus forte, leur saveur est piquante ,
moins agréable , et rappelant un peu celle de la punaise.
Elle contient une plus grande quantité d'huile essentielle que les deux espèces précédentes , aussi est-elle
employée de préférence lorsqu'on veut extraire cette huile.

Propriétés et usages. — La cannelle a des usages très-
multipliés ; elle est employée en médecine , dans l'as-
saisonnement des alimens et dans diverses préparations
cosmétiques. Mêlée aux alimens , elle en facilite la di-
gestion , en stimulant les voies digestives , et en augmentant leur contractilité. Dès-lors, on ne doit point
s'étonner de voir cette substance prescrite dans un
grand nombre de maladies : cependant aujourd'hui les
praticiens l'emploient rarement seule ; presque toujours
on l'associe à d'autres substances médicamenteuses ; elle
entre dans la composition de la thériaque , du dias-
cordium et d'autres confections. On en prépare une eau
distillée , qui a une couleur lactescente , une teinture
avec les racines d'angélique , etc. ; un vin. Son écorce
parfume agréablement l'haleine, elle entre dans la composition de l'élixir gengival et odontalgique.

NOTICE

SUR L'EXTRACTION, PURIFICATION ET USAGES DU CAMPHRE.

Définition. — Le camphre (*camphora*), est un principe immédiat des végétaux, qui a beaucoup d'analogie avec les huiles volatiles et les résines, dont il diffère cependant par plusieurs propriétés. Il existe tout formé dans plusieurs plantes de la famille des labiées, tels que la lavande (*lavandula*), le thym (*thymus*), la marjolaine (*origonum majorana*), ainsi que les expériences de M. Proust l'ont démontré, à Sumatra, à Bornéo, où on en recueille sur un arbre encore peu connu, désigné par les naturels sous le nom de *Kapour-barros*, et que M. Corréa de Serra a d'abord rapporté au *shorea robusta* de Roxbourgh, et plus tard au *pterigium teres*, arbre qui appartient également à la famille des laurinées. Cette espèce est la plus pure et la plus précieuse ; elle existe en quantité considérable entre le bois et l'écorce ; mais elle n'est pas transportée en Europe. Tout le camphre que le commerce nous apporte nous vient de la Chine et du Japon ; on l'extrait d'une espèce de laurier que les botanistes ont appellée *laurus camphora*.

Extraction du camphre. — Pour se procurer cette substance, on réduit en éclats le tronc et les branches de l'arbre ; on les place, en ajoutant une certaine quantité d'eau, dans de grandes cucurbites de fer, surmontées de chapiteaux de terre dont l'intérieur est garni de cordes faites avec de la paille de riz ; on chauffe modérément, et le camphre entraîné par les vapeurs de l'eau, va se

condenser sur les cordes où on le recueille quand l'opération est terminée. C'est dans cet état qu'on le trans-
porte en Europe ; il est impur , d'une couleur grise , en
petits grains ou poussière qui contient beaucoup de corps
étrangers ; il doit être rafiné avant d'être employé.

Purification. — Pendant long - temps les Hollandais
ont connu seuls l'art de purifier le camphre , et toutes
les autres nations de l'Europe étaient tributaires de la
Hollande pour se procurer cette substance ; mais peu-à-
peu les Anglais , les Prussiens et les Français ont eu con-
naissance des procédés mis en usage en Hollande , et aujourd'hui ils purifient eux-mêmes la plus grande partie du
camphre qu'ils employent; le procédé le plus convenable
est de mélanger un trentième ou un cinquantième de chaux
vive avec le camphre brut et de soumettre ce mélange à une
nouvelle sublimation ; ainsi purifié , le camphre est solide
au toucher , son odeur est très-forte , très-pénétrante , sa
saveur est âcre , chaude et très-aromatique , sa pesanteur spécifique est d'environ 0,98 ; lorsqu'on en projette
quelques parcelles sur l'eau , elles s'agitent en tournant
en tous sens. Le camphre est extrêmement volatil , la
température ordinaire de l'atmosphère suffit pour le vo-
latiliser ; il s'enflamme aussi-tôt qu'on le met en contact avec un corps en ignition , et brûle , sans laisser après
lui aucun résidu. Il est presque insoluble dans l'eau
froide , à laquelle il communique cependant une odeur
très prononcée. L'alcohol (*esprit-de-vin*) , les éthers , les
huiles grasses et volatiles , le jaune-d'œuf le dissolvent
très-facilement. L'alcohol peut en dissoudre le 0,75 de
son poids : cette dissolution est limpide , très-âcre et dé-

composable par l'eau qui précipite le camphre sous la forme de flocons blanchâtres.

Propriétés et usages du camphre. — Le camphre est très-employé en médecine comme anti - spasmodique , comme stimulant diffusif , comme diaphorétique , et comme antiseptique. On le donne en poudre ; on le réduit ainsi en le triturant avec un peu d'alcohol (*esprit-de-vin*) ; on le donne aussi en infusum aqueux , alcoholique , acétique et éthéré ; il se dissout très-bien sans intermède dans ces trois derniers liquides : on favorise sa suspension dans l'eau , en le triturant avec une demi-partie de gomme adragant et vingt parties de sucre en poudre. Le camphre est beaucoup plus intéressant sous le rapport de son emploi dans les arts , que par ses propriétés médicales. Tout le monde sait qu'il est employé dans la composition de plusieurs vernis et feux d'artifice.

Préparation du camphre artificiel. — On obtient un camphre artificiel , qui a beaucoup d'analogie de propriétés physiques et médicales avec le camphre naturel , en faisant passer un courant de gaz acide muriatique (1) à travers l'huile de térébenthine ; celle-ci devient jaune , brune , s'échauffe , augmente de volume et se prend en masse crystalline, blanche, brillante et grenue. M. Thénard pense , d'après la formation du camphre artificiel , que le camphre naturel est une combinaison d'huile essentielle avec un acide végétal.

____

(1) Cet acide, qu'on nommais autrefois acide marin , esprit de sel, acide ou esprit de sel marin, se retire du muriate de soude par l'acide sulfurique concentré qui se dégage sous forme de gaz , etc. , etc.

DESCRIPTION

SUCCINCTE DU BOIS DE CAMPÊCHE, ET DE SES USAGES.

Le bois de campêche (*lignum campechianum*) est fourni par un grand et bel arbre épineux, originaire de la baie de Campêche, au Mexique, d'où il a été transporté dans les Antilles, et que des botanistes appellent *hematoxylon campechianum* ; il appartient à la famille des légumineuses, à la décandrie monogynie ; ce bois nous est apporté d'Amérique en bûches volumineuses, d'un brun-noirâtre en dehors et d'un rouge foncé à l'intérieur.

Usages. — Le bois de campêche est très - recherché pour la teinture ; par sa simple infusion dans l'eau, il donne une couleur d'un très-beau noir, laquelle. mêlée avec des gommes, peut tenir lieu d'encre pour écrire ; par sa décoction, il fournit une couleur rouge-foncée qu'on appelle, en teinture, jus de Campêche ou de bois d'Inde, etc.

DESCRIPTION

DES ALOES DU COMMERCE, DE LEUR PRÉPARATION, PROPRIÉTÉS ET USAGES.

Définition. — On désigne sous le nom d'aloës une substance solide, extracto - résineuse, que l'on retire de plusieurs espèces du genre aloë de Linnée, et principalement de l'aloë *perfoliata*, de l'aloë *vulvaris*, de l'aloë *spicata* , etc. Ce genre appartient à la famille des asphodèles de Jussieu , et à l'hexandrie monogynie de Linnée. Il offre les caractères suivans : calice cylindracé , à six divisions profondes , six étamines attachées à la base du calice; stygmate trilobé. Ces aloës sont des plantes à racines fibreuses , à feuilles très-épaisses et succulentes , et dont les fleurs sont disposées en épis; la plupart des espèces de ce genre , sont originaires d'Afrique , et principalement du Cap de Bonne-Espérance.

Distinction. — On distingue dans le commerce trois variétés principales d'aloës : savoir ; l'aloës succotrin , l'aloës hépatique et l'aloës cabalin.

1.° *Aloës socotrin ou succotrin*. — C'est l'espèce la plus pure et la plus estimée en médecine : son nom lui vient, à ce qu'il paraît , de celui de l'île Socotara , dans le golfe d'Arabie, où on le préparait autrefois ; on l'apporte maintenant du Cap de Bonne-Espérance.

Caractères physiques. — Cette espèce est en masses assez volumineuses, d'un brun-foncé; sa cassure est nette et conchoïde ; réduite en poudre elle est d'un beau jaune-doré ; son odeur est aromatique, assez agréable , sa saveur est extrêmement amère.

Préparation. — Pour retirer ce suc, on coupe et on incise les racines et les feuilles qui sont près de ces dernières ; on en exprime le suc, et après l'avoir séparé des parties grossières qu'il contenait, on l'expose au soleil , où on le met sur un feu doux pour l'épaissir et le durcir. On prépare ainsi les autres variétés d'aloës.

Aloës du Cap , ou aloës lucide. — Depuis quelques années il s'est répandu dans le commerce une autre variété d'aloës sous le nom d'aloës du Cap ou aloës lucide, qui ne paraît pas différer essentiellement de l'aloës succotrin ; elle est d'une couleur jaunâtre, plus transparente, brillante et comme vitreuse ; on la retire de différentes espèces du genre aloë, et en particulier de l'aloë *spicata*, selon quelques auteurs.

2.° *Aloës hépatique.* — Il est moins pur, moins estimé pour la médecine que l'aloës succotrin ; il tire son nom de sa couleur rouge, brunâtre, à laquelle on a trouvé quelque analogie avec celle du foie ; on le retire des mêmes végétaux que le précédent.

Caractères physiques. — L'aloës hépatique est en masses d'un rouge brunâtre, sa cassure est terne et opaque, sa poudre est d'un jaune-rougeâtre, son odeur est forte, assez désagréable, sa saveur est amère.

3.° *Aloës caballin.* — Cette variété est celle qui contient le plus de matières étrangères ; aussi n'est-elle employée que dans la médecine vétérinaire, ce qui lui a fait donner le nom d'aloës caballin.

Caractères physiques. — Cette variété d'aloës est presque noire, opaque ; sa cassure est inégale, à cause des substances étrangères qu'elle contient, son odeur a quelque analogie avec celle de la myrrhe ; lorsqu'on la dissout dans l'eau, elle laisse déposer du sable et une grande quantité de matières étrangères.

Propriétés médicales et usages de l'aloës. — On n'emploie dans la médecine humaine que les variétés les plus pures, l'aloës succotrin et l'aloës lucide. L'aloës est purgatif et tonique en même-temps, il n'est pas même décidé laquelle de ces qualités l'emporte sur l'autre, sur-

tout dans la première variété, qui est constamment tonique. Ce médicament est très-convenable pour remédier
à l'atonie des voies digestives ; il passe généralement
pour un très-puissant stomachique ; il fait la base de la
plupart des élixirs stomachiques, des bols digestifs, des
pilules gourmandes, etc., etc.

DESCRIPTION

SUCCINCTE DES AMANDES, DE LEURS PROPRIÉTÉS ET USAGES.

Les amandes sont le fruit de l'amandier, *amygdalus
communis*, Linnée (rosacées, section des drupacées,
Jussieu ; icosandrie monogynie, Linnée.) Le genre
amygdalus de Linnée se reconnaît aux caractères suivans : calice campanulé, caduc, à cinq lobes ; corolle de
cinq pétales étalés ; étamines au nombre de vingt à trente ;
style simple, drupe charnue, tomenteuse, renfermant
un noyau rugueux et comme crevassé, à deux graines.

Origine. — L'amandier est originaire des contrées mé-
diterranéennes de l'Afrique. Il est cultivé dans les pro-
vinces méridionales de la France et dans tous nos jar-
dins, où il fleurit aux mois de février et de mars.

Distinction. — On distingue dans le commerce deux
espèces d'amandes, les unes douces, les autres amères ;
elles sont produites par deux variétés du même arbre.

Importation et choix des amandes. — Le commerce
nous apporte les amandes des côtes de l'Afrique septen-
trionale et de la Provence. On doit choisir celles dont
l'extérieur ou la peau est d'un jaune-rougeâtre et uni,
dont l'intérieur est très-blanc ; leur goût doit être doux et

agréable, excepté celui des amandes amères. Il faut bien examiner si elles n'ont rien de rance, ou si elles n'ont point d'âcreté. — Les amandes contiennent un peu plus de moitié de leur poids d'huile fixe (huile d'amandes douces ; nous en parlerons en traitant des huiles en général) , environ un cinquième d'alumine, un vingtième de sucre , et un trentième de gomme (Vogel). Les amandes amères contiennent, outre ces élémens composans, de l'huile volatile et de l'acide prussique, principe d'où dépend leur grande amertume , et qui leur donne une propriété active et en même temps narcotique et vénéneuse. (*Voyez* Orfila.)

Propriétés et usages. — Les amandes sont employées en médecine comme émollientes et adoucissantes : ces propriétés s'exercent sur tous les organes , sur tous les tissus de l'économie ; mais c'est presque toujours dans les affections aiguës du système pulmonaire que ce médicament est administré. On en prépare une émulsion en versant sur les amandes mondées de leur enveloppe et pilées , une certaine quantité d'eau bouillante (une livre par once d'amandes) ; on édulcore avec le sucre ; on aromatise avec l'eau de fleurs d'orange : on prépare avec cette émulsion et le sucre , le sirop d'orgeat.

NOTICE

SUR LA COMPOSITION, QUALITÉ, FABRICATION, CONSERVATION, ALTÉRATION, SOPHISTICATIONS DU CIDRE, etc.

Définition. — Le cidre (*pomaccum*) , est une liqueur fermentée extraite des pommes, quelquefois des poires et même des cormes.

1.° *Composition.* — On n'a point fait encore d'analyse exacte du cidre. Sa composition doit différer suivant une foule de circonstances, mais les substances qu'il contient généralement, et dont les proportions varient, sont les suivantes : 1.° du sucre en plus grande quantité que dans les liqueurs fermentées ; 2.° de l'alcohol (esprit-de-vin), d'après M. Brande, proportion pour cent par mesure, 9,27 ; 3.° d'u mucilage ; 4.° un principe extractif amer ; 5.° une matière colorante ; 6.° une grande quantité d'acide carbonique (1) ; 7.° de l'acide malique (2) ; 8.° plusieurs substances salines ou terreuses. Ces diverses substances varient non-seulement dans les différens cidres, mais encore dans le même s'il est récent ou ancien, s'il a été conservé dans des bouteilles ou dans des tonneaux, etc.

2.° *Circonstances qui peuvent influer sur la qualité du cidre.* — La qualité des fruits qu'on met en usage pour faire le cidre, est la cause la plus puissante des différences de cette liqueur. Quant à leur saveur, on a remarqué que le cidre qu'on obtenait était différent selon que les pommes étaient douces, acides, amères ou âpres. Les premières font un cidre doux, peu généreux, qui se conserve peu ; les secondes font un cidre léger, qui noircit à l'air, passe facilement à l'aigre ; les fruits âpres et amers donnent un cidre fort, généreux, coloré, et qui se conserve. Les terrains où croissent les pommes, comme ceux

(1) Anciennement air fixe, acide méphytique, acide aérien, etc.

(2) Cet acide est toujours liquide ; il a une saveur aigre, agréable, se boursouffle considérablement sur les charbons allumés, et se décompose en acide acétique, empyreumatique, en eau, et en acide carbonique.

où croît la vigne, font singulièrement varier la liqueur dont nous parlons. On distingue en Normandie trois crûs principaux : les crûs les plus estimés sont ceux qui renferment des terres fortes, élevées, et qui sont éloignées du bord de la mer. A mesure qu'on avance vers les côtes, le cidre devient de qualité inférieure. Le cidre d'Angleterre et d'Amérique est extrêmement estimé. L'âge du cidre le fait varier encore; dans les premiers temps de sa fabrication, il est riche en mucoso-sucré; au bout de quelque temps il se pare, il contient alors un peu d'alcohol; enfin, au bout de quelques années, plus ou moins, il devient plat et n'est plus potable.

3.° *Fabrication et conservation.* — Non-seulement chaque pays, chaque canton fabrique le cidre à sa manière, mais chaque propriétaire a son procédé particulier. Lorsqu'on a cueilli les pommes par un temps sec, qu'on les a laissé sécher en petits tas, qu'on les a mélangées convenablement, on les écrase à l'aide d'un pilon, d'un maillet, mais mieux d'une meule; on y ajoute ordinairement une certaine quantité d'eau, selon le cidre qu'on veut obtenir; on met ensuite cuver le marc et le jus pendant quelques jours; on dispose ensuite le marc sur le parquet du pressoir, en couches minces séparées par de la paille ou par un tissu de crin; on le laisse égoutter pendant deux jours. Ce suc donne le meilleur cidre; on le presse et on le reçoit dans des cuves dans lesquelles il fermente bientôt. Après cette première fermentation, on le soutire dans des tonneaux qu'on ne ferme que lorsque toute l'écume a été rejetée, et qu'on les a remplis. Bientôt la liqueur est éclaircie, et le cidre est fait; mais quel-

quefois il fermente encore pendant six mois. Les petits cidres se fabriquent avec des pommes de qualités infé-
rieures, ou avec le marc des gros cidres, etc.

On a coutume de conserver le cidre dans des tonneaux ; mieux vaudrait le mettre en bouteilles, car le liquide qui reste long-temps en vidange s'altère ; il devient
brun, verdâtre, perd son acide carbonique et son a-
cohol ; il passe d'ailleurs facilement à la fermentation
acéteuse.

4.° *Altération et sophistication.* — On altère le cidre
de diverses manières ; on le colore avec le coquelicot,
un sirop de miel rouge, avec la cochenille, la cannelle,
les merises, les baies d'hyèble ou de sureau ; on y ajoute
quelquefois de l'eau-de-vie, ce qui le rend âcre et exci-
tant, etc. Ces substances étant les mêmes que l'on emploie pour sophistiquer le vin, nous exposerons en traitant
de ce dernier, les moyens de reconnaître la fraude.

Distinction et propriétés du cidre. — On distingue
dans le commerce plusieurs espèces de cidre : 1.° les gros
cidres sucrés et mousseux ; 2.° les cidres composés et
cuits ; 3.° les cidres parés ; 4.° les cidres moyens ; 5.° les
cidres de marc. Les gros cidres sucrés et mousseux contiennent beaucoup de mucoso-sucré ; ils sont lourds, diffi-
ciles à digérer, et quelquefois purgatifs. Lorsqu'ils ont
vieilli ils perdent beaucoup de ce principe, sont légers,
plus agréables et fort nourrissans. Les cidres composés
et cuits approchent beaucoup par leur goût et leurs effets
des vins cuits du Midi. Les cidres parés, qui sont d'une
belle couleur ambrée, contiennent une certaine quantité
d'alcohol et d'acide carbonique ; ils sont fortifians, généreux et nourrissans. Les cidres moyens sont des cidres de

première qualité qu'on a brassés avec une certaine quantité d'eau où de cidre de diverses qualités, mêlés ensemble, ou bien enfin des gros cidres étendus d'eau quelques jours avant d'en faire usage : c'est une boisson très-salutaire. Nous n'en dirons pas autant des cidres de marc et des cidres faits avec des pommes de mauvaise qualité ; ils sont indigestes et ne peuvent que produire beaucoup d'accidens. Le bon cidre, lorsqu'il n'est pas nouveau, est une boisson saine et généreuse, qui produit la plupart des effets du vin. Les habitans des pays qui en font leurs boissons ordinaires, sont forts, robustes, frais, et d'un bel embonpoint (1).

DESCRIPTION

DE LA CHAUX, DE SON MODE DE PRÉPARATION ET DE SES USAGES.

Définition. — On donne le nom de chaux (*calx*) au protoxyde de *calcium*, composé de 100 parties de métal et de 38,09 d'oxygène. La chaux, rangée parmi les oxydes alcalins et les terres alcalines, est très-abondamment répandue dans la nature, à l'état de sous-carbonate, de sous-phosphate, de sulfate, de nitrate et d'hydrochlorate ; on ne la rencontre jamais pure : lorsqu'elle est privée d'eau, elle est solide, d'un blanc grisâtre, d'une saveur âcre, caustique, peu consistante, verdissant le sirop de violette et rougissant le papier de curcuma : sa pesanteur spécifique est de 2,3 ; lorsqu'on la sommet à l'action d'une température très-élevée, elle fond en dégageant une flamme pourpre, et donne des

---

(1) *Voyez* le Dictionnaire de Médecine, au mot *Cidre.*

globules vitrifiés, de couleur jaune, comme la cire ; exposée à l'air atmosphérique, la chaux en absorbe d'abord l'humidité, puis l'acide carbonique, et se transforme en sous-carbonate mêlé d'hydrate ; dans cet état, elle augmente de volume, et se trouve réduite en poudre. L'action de l'eau versée par goutte sur la chaux est très-remarquable ; d'abord le liquide est absorbé sans que la chaux paraisse mouillée ; bientôt après, le mélange s'échauffe, laisse dégager des vapeurs aqueuses qui deviennent de plus en plus épaisses ; la chaux se fendille, acquiert un volume plus considérable, blanchit et se réduit en poudre ; alors on dit qu'elle est délitée ou éteinte, c'est un hydrate de chaux ou un composé de 100 parties de chaux et de 31,03 d'eau. Dans cette expérience, la température s'élève jusqu'à 300° th. centigr. et la chaux paraît rouge, si l'on agit dans un endroit obscur ; l'hydrate produit est beaucoup moins âcre et moins brûlant que la chaux privée d'eau, il se dissout dans 400 à 450 parties d'eau à 10°, et donne naissance à l'eau de chaux.

Mode de préparation. — Lorsqu'on veut obtenir de la chaux, il faut chauffer la pierre à chaux (*sous-carbonate de chaux*) dans un four convenable, au moyen de bois vert et humide, qui fournit un peu d'eau. La chaux qui en résulte contient environ $\frac{1}{100}$ de potasse, provenant du bois dont on s'est servi. Il est important de ne pas chauffer la pierre à chaux lorsqu'elle contient de la silice, parce qu'il se formerait une espèce de frite, et la chaux ne serait plus propre aux constructions.

Usages de la chaux. — Les usages de la chaux sont très-nombreux. On l'emploie dans la préparation de la potasse, de la soude, et des savons , pour enlever l'acide carbonique aux sous-carbonates de ces bases , et dans la fabrication de l'ammoniaque ; on en fait usage pour chauler le blé et pour boucher les fissures qui se forment quelquefois dans les bassins pleins d'eau , on s'en sert comme engrais ; unie au sable et à l'eau , elle constitue les mortiers qui ont la propriété de durcir en séchant , et qui par conséquent sont très-utiles dans la bâtisse , en teinture on s'en sert pour rendre les alcalis caustiques ; sa propriété alcaline la rend très-utile pour dissoudre les parties colorantes bleues de l'indigo et du pastel. C'est à l'aide de son action ménagée que l'on conduit la fameuse cuve au pastel dont on se sert généralement pour teindre en bleu , et quelques cuves d'Inde à froid.

DESCRIPTION

DE L'AMIDON , DES PROCÉDÉS QU'ON EMPLOIE POUR SON EXTRACTION , ET DE SES USAGES.

Définition. — On donne le nom d'amidon (*amylum*) à l'un des produits immédiats des végétaux les plus répandus ; en effet , il n'est peut-être pas de parties végétales dans lesquelles on n'ait rencontré plus ou moins d'amidon. On le trouve cependant plus particulièrement dans les semences , les racines et les tiges ; il est plus rare dans les fleurs , les feuilles et les fruits charnus.

Propriétés. — L'amidon est blanc , pulvérulent, crystallin , insipide et inodore , inaltérable à l'air et insoluble dans l'eau froide. Il se dissout dans l'eau presque bouillante, en éprouvant une altération particulière qui tend à le rapprocher de la gomme, dont alors il possède plusieurs propriétés, entre autres, celle de se redissoudre dans l'eau froide. La dissolution de l'amidon dans l'eau chaude constitue l'empois, matière, dont l'aspect, les propriétés physiques et les usages sont généralement connus. Soumis à l'action du calorique, l'amidon ne se volatilise pas; mais il subit une altération qui tend aussi à le rapprocher de la gomme; une chaleur plus vive le décompose en ses élémens; on en obtient de l'eau, de l'acide carbonique, de l'acide acétique huileux, du gaz hydrogène carboné; il reste un charbon très-volumineux.

Procédé pour extraire de l'amidon de la farine de froment. — Lorsqu'on veut extraire de l'amidon de la farine de froment, substance très-riche en amidon, il suffit de faire une pâte bien liée avec cette farine, et laver cette pâte sous un filet d'eau, et au-dessus d'un tamis placé sur une cuve : l'eau enlève l'amidon, et le gluten reste entre les mains du manipulateur ou sur la surface du tamis : l'amidon, entraîné par l'eau, se rassemble au fond de la cuve, et l'eau retient en dissolution les parties gommeuses et sucrées ; l'amidon après deux ou trois lavages est sensiblement pur, et ne peut retenir que quelques atômes de gluten.

Procédé dont se servent les amidonniers. — On obtient l'amidon plus pur encore et d'une manière plus économique, quoique plus longue, par le procédé dont se servent les amidonniers. A cet effet, du blé, de l'orge ou autres graines céréales, réduits en farine grossière, délayés dans une masse d'eau assez considérable, exposés

à une température de 20 à 30 degrés, sont abandonnés
à la fermentation acide, qui ne tarde pas à se développer dans la masse : on détermine ou plutôt on accélère
quelquefois la fermentation au moyen d'un peu d'eau
pure, provenant d'une opération antérieure ou faite avec
de la farine et de la levure. Les matières sucrées qui
sont contenues dans ces farines, sont les premières qui
entrent en fermentation, d'abord alcoholique, puis bientôt acide. L'acide acétique qui se développe réagit alors
sur le gluten de la farine, le dissout. L'amidon se dé-
pouillant ainsi de toutes substances étrangères, se précipite au fond des cuves dans un grand état de division.
Après avoir enlevé l'eau qui surnage la masse amylacée,
on jette celle-ci sur des toiles de crin. L'amidon, à l'aide
de l'eau qu'on y ajoute, passe à travers cette sorte de
tamis qui retient le son et les matières étrangères ; l'a-
midon se rassemble de nouveau au fond des cuves, où
ordinairement il forme trois couches : la supérieure est
grise, et contient encore beaucoup de son ; la seconde
couche plus blanche, est de l'amidon plus pur ; la troisième couche enfin, est de l'amidon de première qualité. On sépare ces trois couches à la pelle, on réunit
l'amidon en masse dans des paniers couverts de toiles ;
on le laisse égoutter, et on le dessèche ensuite à l'étuve.

*Procédé pour extraire de l'amidon des pommes de
terre.* — L'amidon de la pomme-de-terre se retire par
un procédé entièrement mécanique ; on rape les pom-
mes-de-terre et on lave la pulpe sur un tamis ; l'eau en-
traîne les parties amylacées, et le parenchyme de la
pomme-de-terre reste sur le filtre. L'amidon de pomme-
de-terre est plus dur, plus crystallin que celui des grai-

nes céréales ; il donne moins de consistance, et fournit un aliment plus léger.

Propriétés et usages. — L'amidon pur est rarement employé comme aliment; mais cette substance, formant la base des farines et des fécules, doit être considérée comme éminemment nutritive. Ses usages dans les arts sont très-nombreux, elle sert à la fabrication de la colle et de l'empois ; c'est avec l'amidon cuit ou cru que l'on donne l'apprêt à un grand nombre d'étoffes : en pharmacie, il sert d'excipient à une foule de substances qu'on a besoin d'étendre ou de diviser dans une matière inerte, etc.

NOTICE

SUR LA COMPOSITION ET PRÉPARATION DE LA BIÈRE.

Définition. — La bière (*cerevisia*), est une boisson fermentée, composée de graines céréales et de houblon (1) ; mais dont les ingrédiens varient beaucoup, suivant les lieux. Cette boisson est fort usitée dans les pays où le vin est peu abondant, elle est peu connue dans nos départemens méridionaux; mais elle est très-employée dans les départemens du Nord, en Belgique, en Hollande, en Angleterre, etc. La bière contient moins d'alcohol (*esprit-de-vin*) que le cidre et le poiré ; par conséquent beaucoup moins que le vin. Ses qualités varient d'ailleurs singulièrement, tant par la nature des matières premières qui entrent dans sa composition, que par leurs proportions et surtout par les procédés em-

____

(1) *Humulus lupulus* L. ; plante de la dioéc. pentandrie, famille des orties, Jussieu. Ses cônes sont amers et aromatiques.

ployés pour sa confection. La bière forte et le porter des Anglais sont en général plus alcoholiques et plus nutritifs que les bières de Paris, qui sont en général légères. La bière de la Belgique et de la Flandres approchent d'ailleurs beaucoup de la bière anglaise pour la force et les autres qualités.

Composition. — Aucune analyse chimique complète de la bière n'a été faite jusqu'à ce jour. Celles que l'on connaît ont démontré qu'il existait dans cette liqueur, 1.° une matière saccharine ; 2.° une assez grande quantité de mucilage ; 3.° un extrait, provenant principalement du houblon ou des autres amers employés ; 4.° un principe amer et huileux ; 5.° une proportion plus ou moins grande d'alcohol (*esprit de-vin*) , un peu d'amidon, au moins dans les ailes récemment faites ; 7.° une très-petite quantité de gluten ; 8.° de l'acide carbonique (*air fixe*) ; 9.° enfin , une très-petite proportion d'acide malique , acétique, et quelques alcalis. Ne pouvant entrer dans les détails de toutes les manières de préparer cette boisson , nous allons exposer simplement le mode le plus usité.

Mode de préparation. — C'est l'orge (1) dont on se sert ordinairement pour cette préparation. On la laisse dans l'eau pendant quarante-huit heures pour la ramollir ; on l'étend sur un plancher de manière à former une couche peu épaisse ; au bout de vingt-quatre heures, on la retourne avec des pelles de bois , pour qu'elle ne s'échauffe pas trop ; on recommence cette opération plu-

---

(1) *Hordeum.* Genre de plantes de la triandrie trigynie, L. ; famille des graminées , Jussieu.

sieurs fois par jour : vers le cinquième , il se manifeste des signes extérieurs de germination , que l'on arrête vingt-quatre heures après , en soumettant l'orge à une température de 60° $+$ o , alors les germes se détachent par le frottement ; le grain est desséché : c'est le malt , il doit être grossièrement moulu ; pour former la drèche , on le fait bouillir ensuite pendant deux ou trois heures ; l'eau dissout le sucre , une matière analogue au froment , de l'albumine , du mucus , et suivant Thomson , du gluten , de la fécule , du tannin ; ce liquide est susceptible de fermenter et de donner de la bière. Pour cela , on le met dans une chaudière de cuivre , on y ajoute du houblon dans la proportion de deux millièmes de la poudre d'orge employée pour faire le suc ; on concentre par l'évaporation , on fait refroidir promptement , en versant le liquide dans des cuves larges et peu profondes : lorsqu'il est à 12° , on l'introduit dans la cuve de fermentation , et on y délaye un peu de levure ; bientôt la liqueur fermente , s'agite , écume ; dès que le mouvement est appaisé , on transvase la liqueur dans de petits tonneaux , que l'on expose à l'air pendant quelques jours et dans lesquels la fermentation continue. Quand il ne se forme plus d'écume , on colle trois jours après. Le dépôt étant entièrement formé , on la met en bouteille , où elle ne mousse qu'au bout de huit ou dix jours.

On a employé pour faire de la bière à-peu-près toutes les céréales (1). On a mis en usage les tiges , les écor-

(1) On donne le nom de graines céréales à celles des plantes graminées qui servent de nourriture à l'homme : telles sont , le froment , le seigle , l'orge , etc.

ces, les pousses, les racines de pins, de sapins, de réglisse, etc. La meilleure de toutes les bières est celle dont nous venons de donner la fabrication.

Altération. — La bière est très-sujette à s'altérer et surtout à paser à l'acide (*aigre*). Les marchands ont imaginé plusieurs moyens de masquer les saveurs désagréables qu'elle acquiert ; mais les substances qu'ils employent, sont presque toutes fort nuisibles à l'économie animale. Ce sont ordinairement des préparations de plomb, de la craie, etc. La chimie connaît les moyens propres à déceler ces supercheries, nous exposerons ses procédés quand nous traiterons des vins.

DESCRIPTION

DE L'AIMANT NATUREL, ET DES PROCÉDÉS QU'ON SUIT POUR OBTENIR L'ARTIFICIEL.

On appelle aimant ou pierre d'aimant (μάγνης μαγνήτης des Grecs, *magnès* des Latins), en histoire naturelle, le fer oxydulé amorphe de Haüy; d'autres minéraux, tels qu'une variété de fer sulfuré et quelques minéraux de nickel et de cobalt, possèdent cependant aussi les propriétés magnétiques.

Texture. — La texture de la pierre d'aimant est compacte, quelquefois granuleuse, écailleuse ; sa couleur varie du noir au blanchâtre ; la propriété qu'elle a d'attirer le fer, et la poussière noire qu'elle produit quand on la pulvérise, la font facilement reconnaître. On trouve le fer oxydulé amorphe, en masses plus ou moins considérables, en Suède, en Norwège, à l'île d'Elbe, en Chine, à Siam, aux îles Philippines.

La pierre d'aimant est dite magnétique quand elle attire seulement le fer aimantaire, quand elle possède la polarité (nous donnerons plus loin l'explication de ce mot); l'aimant peut communiquer ces deux propriétés à des fragmens de fer ou d'acier.

La pierre d'aimant a en physique une signification plus étendue; on applique en général ce nom à tous les corps qui possèdent, soit naturellement, soit artificiellement, les propriétés magnétiques. Les savans attribuent ces propriétés à un fluide particulier, rangé parmi les corps impondérables, qui peut devenir manifeste dans le fer, le cobalt, le nickel; il paraît même que dans certains cas il peut se développer momentanément dans d'autres métaux. Un corps dans l'état magnétique attire donc le fer, et possède en même temps la polarité. On entend par polarité, le phénomène que présente un aimant naturel ou artificiel, lorsqu'il tourne une de ses extrémités ou pôles vers le Nord et l'autre vers le Midi. Ces deux pôles, comme ceux de la terre, portent le nom de boréal et d'austral; dans deux aimans les pôles analogues se repoussent, les pôles opposés s'attirent; c'est sur cette singulière propriété qu'est fondée la théorie de la boussole. La direction de l'aiguille aimantée vers le Nord n'est cependant pas bien constante, on remarque dans certains points du globe des variations vers l'Orient ou l'Occident : on leur a donné le nom de déclinaisons; les parages dans lesquels on n'observe pas cette vacillation, forment les équateurs magnétiques. Outre les phénomènes de la déclinaison, l'aiguille aimantée présente aussi celui de l'inclinaison, elle n'est jamais parfaitement parallèle à l'horizon ; dans l'hémisphère boréal, son pôle nord est au-dessous du niveau naturel, et *vice versâ;* elle est de plus sujette, dans certains cas, à des variations qui sont d'autant plus irrégulières que le temps est plus orageux, ou qu'il paraît une aurore boréale. Des détails plus étendus rentreraient dans le domaine de la physique et nous feraient franchir les bornes que nous nous sommes prescrites dans cet ouvrage; d'ailleurs sa nature ne les comporte pas.

Nous avons dit plus haut que l'aimant naturel pouvait communiquer ses propriétés à un morceau de fer ou d'acier placé dans les conditions nécessaires, et que ce fragment métallique devenait un aimant artificiel. On peut le faire de différentes manières; le procédé le plus simple consiste à frotter plusieurs fois une verge de fer ou d'acier avec un barreau aimanté, dont on fait glisser un des pôles dans toute la longueur de la verge. La méthode du double contact est plus avantageuse; on peut aussi faire des aimans artificiels sans le secours de l'aimant naturel : il suffit de placer sur une enclume des lames d'acier dans la direction d'un méridien, et de les frotter vivement et à plusieurs reprises avec une grosse barre de fer verticale. Le fer exposé à l'air acquiert quelquefois la vertu magnétique, et il n'est pas rare de la voir se développer dans des paratonnerres.

Découverte de l'aimant. — L'aimant était connu dans l'antiquité; « il fut découvert, dit Pline, par un bouvier, qui, en gardant les bestiaux, sentit les clous de sa chaussure et le bout ferré de son bâton se fixer sur une certaine pierre. » (Pline, *Histoire naturelle*, livre XXXVI, chapitre 16.)

Les Grecs donnèrent à l'aimant plusieurs noms, mais la dénomination qui prévalut chez eux fut celle de μάγνης;

ce nom vient de l'endroit où ils trouvaient l'aimant. Il est assez commun dans les environs de Magnésie, ville de Lydie; ce mot a passé dans la langue latine et même dans la nôtre. L'aimant se rencontrant fréquemment dans les Indes, fut appelé *lapis indicus* par quelques auteurs du moyen âge.

Les différens passages des ouvrages de l'antiquité, dans lesquels il est parlé de l'aimant, nous prouvent que les auteurs de ce temps connaissaient les propriétés attractives et communicatives de l'aimant, mais qu'ils n'avaient point observé le phénomène de polarité; il paraît que ce ne fut guère que vers la fin du douzième siècle après Jésus Christ que cette découverte fut faite ou du moins appliquée à la navigation.

Pour les propriétés médicales de l'aimant, l'on consultera avec beaucoup d'intérêt le Dictionnaire de médecine, au mot *aimant*.

DESCRIPTION

DU SOUS - BORATE DE SOUDE, DE SA PRÉPARATION ET DE SES USAGES.

Le sous-borate de soude, *sub-boras sodæ* (1), est un sel qui est sous forme de prismes hexaèdres comprimés et terminés par des pyramides trièdres, incolores et translucides, d'une saveur styptique, alcaline; il verdit le sirop de violette; si on le chauffe, il fond d'abord dans son eau de crystallisation, puis éprouve la fusion ignée, et fournit

______

(1) Ce sel est désigné aussi sous les noms de borax, de borate sursaturé de soude, de chrysocolle, etc.

un verre transparent qui absorbe l'humidité de l'air et
devient opaque. Le sous-borate de soude crystallisé est
légèrement efflorescent. Huit parties d'eau froide dissolvent une partie de ce sel, tandis qu'il n'en faut que deux
d'eau bouillante.

Lieux où l'on trouve ce sel. — On trouve le borate
dans la province de Potosi, au Pérou, dans plusieurs lacs
de l'Inde, dans l'île de Ceylan, dans la Tartarie méridionale, en Transylvanie, en Basse-Saxe, etc.

On obtient dans le commerce le sous-borate de soude
en faisant fondre dans un creuset le tinckal, qui n'est
autre chose que du sous-borate de soude extrait du fond de
certains lacs de l'Inde, et coloré en gris jaunâtre ou verdâtre par une matière organique. Celle-ci se détruit par
l'action de la chaleur, et le sel se vitrifie; on dissout ce
verre dans l'eau bouillante, et la majeure partie du sous-
borate crystallise par le refroidissement ; on évapore les
eaux-mères pour en obtenir le borax qui y est dissous.
Ce sel est employé pour préparer l'acide borique, le
borax, divers borates et la crême de tartre soluble ; des
minéralogistes en font usage pour reconnaître la présence
de certains oxydes métalliques ; en effet, le borax se com-
bine avec la plupart d'entre eux, en facilite la fusion et
se colore en jaune, en vert, en bleu, en violet, etc.,
suivant la nature de ces oxydes. Il sert encore dans la
soudure des métaux; dans ce cas, non-seulement il favorise la fusion de la soudure, mais il s'oppose à l'oxydation des deux bouts que l'on veut unir, ou s'empare
des oxydes qui peuvent se trouver à la surface de ces
bouts.

NOTICE

SUR LA CONSTRUCTION DE L'ARÉOMÈTRE ET LA MANIÈRE DE SE SERVIR DE CET INSTRUMENT.

Définition de l'aréomètre. — On donne le nom d'aréomètre (*arœometrum*), à un instrument propre à déterminer d'une manière exacte la pesanteur spécifique des liqueurs ; c'est pourquoi on l'appelle encore pèse-liqueur. Cet instrument, qui est d'un très-grand usage dans les arts et dans le commerce, consiste en un tube renflé en forme de boule vers son cinquième inférieur, et terminé en bas par une autre petite boule destinée à contenir du mercure ; lorsqu'on plonge cet instrument dans un liquide, il s'y enfonce plus ou moins, selon que ce liquide est d'une pesanteur plus ou moins grande. Ainsi, si l'on plonge le pèse-liqueur dans de l'eau distillée, il s'enfoncera à un certain degré qu'on désignera comme le veut l'inventeur, par le nombre 10. Si on le plonge ensuite dans de l'eau, qui, sur cent parties, contiendra dix parties de sel marin (muriate de soude), ce mélange étant plus pesant que l'eau distillée, l'instrument ne plongera qu'à un certain degré qu'on désignera par o ; on divisera l'espace compris entre o et dix en dix degrés égaux, et au-dessus de 10, en degrés semblables, autant qu'en pourra contenir le tube. Maintenant si vous le plongez dans l'alcohol, liqueur d'une pesanteur spécifique moindre que l'eau, l'aréomètre s'enfoncera davantage, et d'autant plus que cet alcohol sera plus pur, qu'il contiendra moins d'eau, et le nombre de degrés qui disparaîtront dans le liquide donnera le degré de sa rectification.

Telles sont les règles de construction et la manière de se servir de cet instrument. Baumé, qui en est l'inventeur, a joint à sa description une table d'expérimens faits sur des mélanges d'alcohol à 37o°, et d'eau à des températures données. Il suit de ces expérimens, qu'on peut déterminer *à priori* la quantité d'eau que contiennent les eaux-de-vie faibles, en cherchant à quel degré elles correspondent dans la table des termes de ces divisions, qui, comme l'on voit, sont souvent arbitraires ; mais tous les aréomètres construits d'après ces principes, donnent constamment les mêmes degrés lorsqu'ils sont plongés dans le même liquide et à la même température, et cette justesse est tout ce que l'on peut désirer.

Avant le perfectionnement que Baumé apporta à l'instrument qui porte aujourd'hui son nom, on se servait de divers moyens pour peser les liqueurs. Boile paraît être le premier inventeur de l'aréomètre. Il avait introduit un pèse-liqueur imparfait, puisqu'il ne donnait qu'un terme de comparaison. On connaissait aussi le pèse-liqueur de Farenheit, et l'on faisait usage dans le commerce, d'une bouteille remplie d'eau, dont on composait le poids avec la même bouteille remplie d'alcohol. Montigny et Cartier avaient fait aussi diverses tentatives que la découverte de Baumé fit justement abandonner.

Nota. *Tous les exemplaires porteront la signature de l'auteur, comme il suit :*

FIN DE LA PREMIÈRE LIVRAISON.